将科学的触角伸入更多领域，让科学更生动更有趣

小牛顿 科学与人文

卖火柴的小女孩怎么取暖?

故事中的物理奥秘

小牛顿科学教育有限公司 / 编著

中国出版集团 现代出版社

小牛顿科学与人文

来自海峡两岸极具影响力的原创科普读物“小牛顿”系列曾荣获台湾地区 26 个出版奖项，三度荣获金鼎奖。“科学与人文”系列将“科学”与“人文”相结合，将科学的触角伸入更多领域，使科学更生动、多元、发散。全系列共 12 册，涉及植物、动物、宇宙、物理、化学、地理、人体等七大领域。用 180 个主题、360 个科学知识点来讲解，并配以 47 个有趣的科学视频进行拓展，扫描二维码即可快捷观看，利用多媒体延伸阅读。本系列经由植物学、动物学、天文学、地质学、物理学、医学等领域的科学家和科普作家审读，并由多位教育专家、阅读推广人推荐，具有权威性。

科学专家顾问团队（按姓氏音序排列）

崔克西 新世纪医疗、嫣然天使儿童医院儿科主诊医师

舒庆艳 中国科学院植物研究所副研究员、硕士生导师

王俊杰 中国科学院国家天文台项目首席科学家、研究员、博士生导师

吴宝俊 中国科学院大学工程师、科普作家

杨　蔚 中国科学院地质与地球物理研究所研究员、中国科学院青年创新促进会副理事长

张小蜂 中国科学院动物研究所研究助理、科普作家、“蜂言蜂语”科普公众号创始人

教育专家顾问团队（按姓氏音序排列）

胡继军 沈阳市第二十中学校长

刘更臣 北京市第六十五中学数学特级教师

闫佳伟 东北师大附中明珠校区德育副校长

杨　珍 北京市何易思学堂园长、阅读推广人

编者的话

童话故事除了有无限丰富的想象力，还可以带给孩子什么启发呢？如果看故事的同时，还能带领孩子探索科学奥秘，充实生活的知识与智慧，该有多好。

有没有想过《青蛙王子》的故事中，公主的小金球为什么会沉到了水里，而不像小黄鸭一样浮在水面上呢？《卖火柴的小女孩》里，小女孩点燃的火柴为什么能带给她温暖？其实，在小朋友耳熟能详的童话故事里，蕴藏着许多有趣的科学现象。

本系列借由生动的童话故事，引发儿童的学习动机，将科学原理活泼生动地带到孩子生活的世界，拉近幻想与现实的距离，让枯燥生涩的科学知识染上缤纷色彩。本系列分成动物、植物、物理、化学和地球宇宙等领域，让孩子在阅读过程中，对科学知识有更系统性的认识。透过本书一张张充满童趣的插图、幽默诙谐的人物对话、深入浅出的文字说明，带领孩子从想象世界走进科学天地。

通往知识城堡的旅程充满惊喜，
还有小视频可以看哦！
北风与太阳 4
堂吉诃德与大巨人 8
青蛙王子 12
伤心的人鱼公主 16
龙宫奇遇 20
天鹅王子 24
后羿射日 28
嫦娥奔月

北风与太阳

北风一向自认是个无人能匹敌的强者，只要他吹一口气，树叶就可以离了枝，甚至整棵树都能连根拔起。这天，北风听说太阳是个厉害的强者，他很不服气，找到了太阳要和他比一比，谁才是最强的。

太阳说："既然你说你有办法让所有的东西都离开位置，不如这样，现在一个行人正好经过，看看谁能让他脱下外套，谁就算胜利。"北风一口答应，马上吹了一大口气，呼的一声，狂风暴起，风沙滚滚，行人一怔，扣起大衣

的纽扣，北风再吹口气“呼呼呼”，从没见过这么大的风，行人都快被吹翻了，但还是拉紧了大衣，任风再大，行人死抓着衣服，怎么也不让大衣离身，北风实在没辙了。

太阳笑眯眯地从云端探出头来，热力洒遍大地，行人抬头望了望，“好热哦！”脱下大衣，不一会儿，又脱掉一件毛衣，然后是衬衫，最后上身只剩下了单薄的一件背心。

北风惭愧地躲了起来。

风从哪里来？

地球的表面包裹着厚厚的空气层，叫大气，厚度约有1000千米。空气受到太阳光的照射，受热后就开始膨胀上升，当空气遇冷的时候，它就收缩下降，热空气上升，冷空气便流过来“补位”，这样一来一去，空气便流动了起来，形成了“风”。

陆地吸热快，热空气迅速上升。

海洋吸热慢，空气吹往陆地上“补位”。

热空气为什么会上升？

空气受热后，体积会膨胀，相对的密度会变小，而周围的空气密度没有改变时，密度小的空气，也就是热空气，受到浮力影响，便上升了，热气球及元宵节放孔明灯都是利用这样的原理。

燃烧使气球内的空气变热而上升。

热的传递方法

热传递有三种方法：传导、对流、辐射。金属棒的一端受热，不久另一端也会受热，这种热的传递方式叫作传导。如果在水盆底加热，观察水会由下向上流动，然后整盆水的温度上升，这种方式叫对流。太阳发出的热量“照射”在地表上，整个地面都温暖了，这种方式叫辐射。

在烧杯内加入彩色颜料，可以清楚地观察到水加热时，由下往上对流的现象。

堂吉诃德与大巨人

大约三百五十年前，在西班牙的小村子里，住着一个名叫堂吉诃德的人。有一天，他正在看一本小说，突然高声大叫：“这个世界上坏人太多，我也要学书中的主角到各地去帮助弱小的人。”

他从仓库里找出一具布满灰尘的盔甲和长矛，费了九牛二虎之力终于将它穿戴起来；然后又牵了他那匹瘦巴巴的马，全副武装地出门行侠仗义去了。堂吉诃德骑马来到一座小山丘，正烦恼着怎么没有任何可以帮得上忙的事情，突然看见脚下有三十几个非常庞大的“巨人”，挥舞着强壮的胳膊向他示威。

“可恶！你们不知道我是谁吗？竟然敢向我挑战。”堂吉诃德气呼呼地朝山脚下三十几座风车大喊，然后快马加鞭，朝其中一座风车冲过去，并把长矛刺进扇叶中。但是，扇叶转动的力量实在太大，竟把他抛到很远的地方。

风车为什么可以转动？

当风吹向扇叶时，风会施力在扇叶上。由于扇叶方向是倾斜的，风推动扇叶的力量，会使扇叶绕着轴心转动，风就能带动风车转动了。这原理与纸制的风车相似，将叶片制作成往一边倾斜的样式，风车就能顺时针或逆时针旋转了。

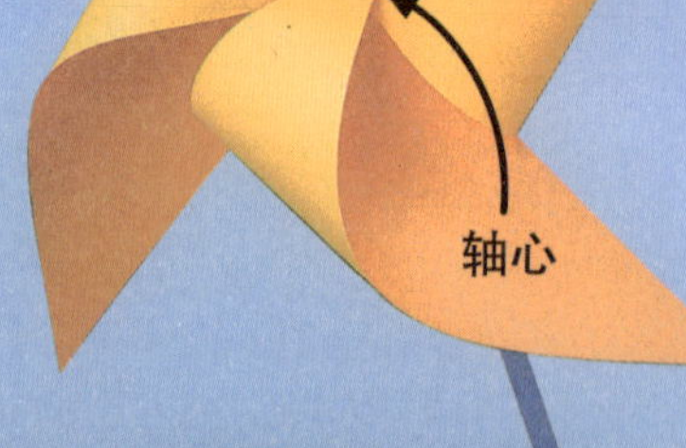

纸制风车

荷兰是风车最多的国家。

风力的运用

转动的扇叶可以产生动力，这种动力经由许多齿轮所组成的传动装置，就能带动连接在齿轮上的石磨或打木机。因此很早以前风车就被用来研磨谷物或抽取水源。到了近代，则开发出利用风力发电的设备；通常直径 10 米的风车可以产生 200 瓦左右的电力，而所产生的电还可以储存起来。所以即使没有风，风车无法转动时，仍然有足够的电力可以使用。

这是利用风力来发电的螺旋桨型风车。

改良后的新式风车

一般风车的扇叶为水平轴式安装，也就是必须正对着风向，但是风不一定都从同一个方向吹来，而且旋转的速度常会因风力的强弱产生变化。因此，现在可以用电脑调整扇叶与风向的角度，以维持固定的转动速度。另外，还有人将风车改良为垂直轴式，无论风从哪里来都可以吹动它。

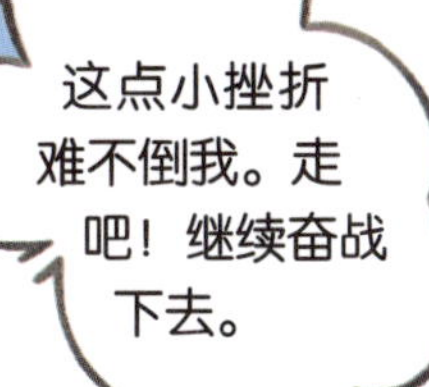

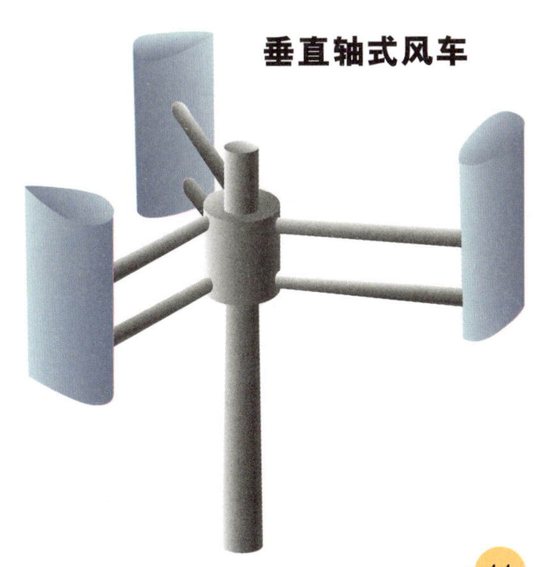

垂直轴式风车

青蛙王子

小公主有一个黄金做成的小金球，上面雕刻的花纹非常精美，小公主对它爱不释手，到哪里都要带着它。有一天，小公主到城堡外的湖边游玩，不小心将手上的小金球滑落，小金球马上就沉到水底了！

湖水这么深，小公主根本不敢下水去捡，她伤心地哭了起来。这时，突然有声音对着小公主说："我可以帮助你哦！"说话的竟是蹲坐在荷叶上的一只青蛙！小公主说："只要你帮我捡回金球，我可以把我的珍珠项链给你。"青蛙拒绝了公主的提议，它只要求"做小公主的朋友，一同吃饭，一同睡觉"。小公主心里很不愿意，但又很需要青蛙的帮忙，便答应了。青蛙"扑通"一声跳入水中，不一会儿就将小金球带回岸上。小公主拿到小金球后，却头也

不回地跑回城堡，完全不顾青蛙在身后一直呼唤她。

到了晚餐时间，青蛙来敲城堡的大门，并向国王说明来因。国王命令小公主遵守她的承诺，小公主只好将青蛙带到餐桌，并跟它一起用餐。餐后，小公主不情愿地将青蛙带回房间，当青蛙要爬上小公主的床时，小公主生气了，她用力地将青蛙摔向墙壁。青蛙跌落地面后，“砰”居然变成了一位王子！原来是巫婆施咒将王子变成了青蛙，而小公主正好解开了巫婆的咒语。小公主为自己鲁莽的举止道歉，王子也很大方地原谅她，并感激她解除了魔法。后来，王子向小公主求婚，两人回到王子的国家去了。

为什么有的物体会沉到水底，有的物体不会呢？

将不同的物品放到水里，有些会浮起来，有些却会沉下去，这是因为它们的密度不同。任何物质的质量和体积的比，就是这个物质的密度（质量 ÷ 体积＝密度），如 1 立方厘米的水，质量约 1 克，它的密度就是 1 克 / 立方厘米。铁的密度比水大，将铁块放入水中会立刻下沉；沙拉油的密度比水小，将沙拉油倒入水中时，油会浮在水的上面。

伽利略温度计

伽利略温度计是在玻璃圆筒内装入透明液体和一些不同密度的物品。当温度改变时，透明液体的密度也会跟着改变，使得悬浮的物品上下移动。每个物品都有代表的数字，想要知道温度时，就看浮在顶端的物品上的数字即可。

改变物体的密度

将一个生鸡蛋放入装了水的水杯中，生鸡蛋会沉到水底。但施了一点“小魔法”之后，生鸡蛋就会浮起来了，是不是很神奇呢！其实这个小魔法很简单，就是“改变水的密度”。由于生鸡蛋的密度比清水大，鸡蛋会沉在水底；在清水中加入一些食盐，搅拌使食盐溶化后，食盐水的密度会大于生鸡蛋的密度，鸡蛋就会浮在食盐水上了。这时如果在盐水中加入一些清水，再次改变食盐水的密度，等食盐水的密度比生鸡蛋小时，鸡蛋就又沉下去了。

在清水中，鸡蛋会沉到水底。

加一点食盐，搅拌一下，鸡蛋会悬浮在水中。

一直加入食盐，鸡蛋会浮出水面。

约旦和巴勒斯坦交界处的死海，含盐量达 23 % ~ 30 %，密度非常大，人们可以轻易地漂浮在水面上呢！

伤心的人鱼公主

人鱼公主来到甲板上，望着茫茫的大海，心中非常难过。为了王子，人鱼公主不惜离开家人，牺牲自己悦耳的声音，和巫婆交换了一瓶使尾巴变成人类双腿的药，每走一步便要忍受一次椎心之痛。

她心想只要能和王子在一起，这些痛苦都算不了什么。可是现在，王子要结婚了，新娘却不是她，她即将变成海上的泡沫消逝在世界上。

这时，心急的姐姐们带来了一把匕首，告诉她，只要将匕首插在王子心口上，就可以使人鱼公主的两条腿再变成鱼尾，回到海中。人鱼公主凄然地笑了笑，把匕首丢进浪涛中，自己也跟着跃入海中，变成海上的泡沫。姐姐们惊愕地叫着，想在泡沫中找到小妹，但是不一会儿泡沫就消逝了……

鱼呼吸，吐出气泡。

气泡的产生

水里并不只有液体，也有气体存在，这些气体会溶解在水里。不同的气体有不同的溶解度。如水草进行光合作用会产生氧气，而氧气比较不容易溶于水中，因此会看到叶面产生许多微小的气泡。

气体的溶解度也会受温度或压强影响，如密封的汽水瓶里会打入大量的二氧化碳，使二氧化碳溶解，打开瓶盖后，瓶内压强减少，溶解度降低，汽水中的二氧化碳会被释出，因此就会不断冒出气泡。

汽水的泡泡很明显。

吸管吹气，浮现气泡。

气体的密度

气泡为什么会浮上水面而破灭？那是因为大部分的气体密度都比水小，所以气泡多半会从水中浮向水面。在升上水面的同时，因为受到的水压会逐渐变小，这时候气泡内外压强为取得平衡，于是气泡体积就会变大，一直大到气泡体积不能再增大时就会爆破，成了空气中的一分子。

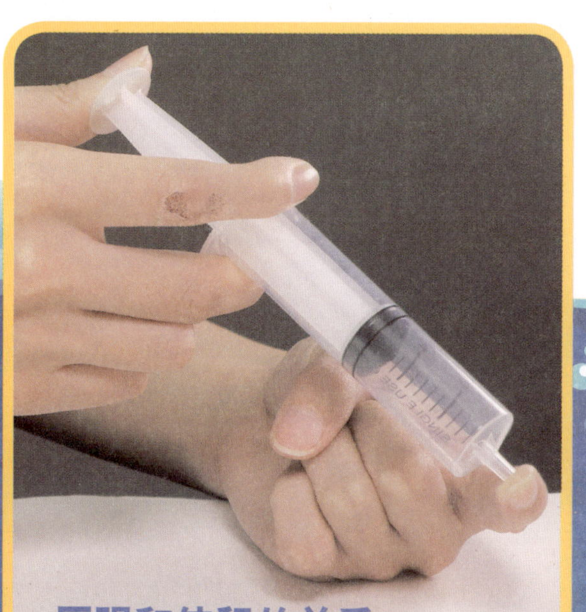

压强和体积的关系

如果把注射筒的口部塞住，压缩时气体体积变小，但压强增大，反之则气体体积增大，压强变小。

龙宫奇遇

从前有个渔夫，在海上打鱼的时候，突然，有一只好大的大海龟游到他的小船边，对他说："前几天，你从一群顽皮的小孩儿手中救了我，为了报答你的救命之恩，请你坐到我背上来，我带你到龙宫，让宫主好好地答谢你。"渔夫半信半疑地爬上海龟的背，随它前往龙宫。

不知过了多久，终于来到一座富丽堂皇的宫殿，龙宫宫主为了欢迎他，用盛大的宴席及悦耳动听的歌声来招待他，渔夫从来没有受过这样的款待，兴奋得说不出话来。

酒足饭饱后，渔夫便向宫主告辞回家，在返家途中，渔夫突然感到眩晕、四肢无力，而

且呼吸越来越快，海龟见状连忙加快速度由深海游回岸上，不料却反而使渔夫的情况恶化，而且一上岸就昏倒了。海龟赶紧用宫主临走前赠送的宝盒将渔夫救醒，原来宫主早就料到渔夫上岸就会昏倒。聪明的你知道为什么吗？

水里也有压强

我们生活在充满空气的平地，其实承受了大气层中空气的重力，因而会有大气压强。一般在平地上的气压值约为 101325 帕斯卡（Pa），也称为 1 个标准大气压（atm），与人体内的压强接近，所以我们不会有什么感觉。但是，到了高山或深海时，大气压强产生了变化，体内、外的压强不平衡，身体就会感到不舒服。在高处的大气层比较薄，因此气压比较低；而海洋深处地势比较低，压强也比较大。海深 10 米的地方，压强会增加 1 大气压。世界上最深的马里亚纳海沟底部，深达 11034 米，水底压强约 1100 个大气压，会压得令人喘不过气来呢！

潜得越深，压强越大。

想想看，把你身体的表面积乘上 10 米高所得的体积，这些量的海水有多重，就是多大水压了。

现在在水深 10 米的地方，到底有多大水压呢？

渔夫为什么会昏倒？

压强大的时候可以迫使部分原本不易溶于液体的气体溶解；压强越大，溶解的气体越多，压强减小时，溶解的气体又会从液体中跑出来。因此潜入深海中，强大的水压会使部分气体溶进血液中；快速浮上水面时，压强骤减，大量气体会跑出来，形成气泡，有的阻塞血管，有的停在肺泡内，使肺泡破裂，让人感到四肢无力、麻痹、眩晕、呼吸急促或昏迷，甚至会导致死亡，这就是“潜水夫病”。

天鹅王子

阿丽丝公主的十一位哥哥被后母赶出城堡后就失踪了，现在不知道在哪里。当太阳快落到海平面下时，她看到十一只天鹅朝她飞来，然后不可思议的事情发生了，天鹅们纷纷脱掉羽毛，变成了十一位王子，阿丽丝又惊又喜。

原来阿丽丝的哥哥们是受了巫婆后母的魔法控制，白天是天鹅，到了晚上才能恢复人形。阿丽丝下定决心，一定要找出破解魔法的方法。于是哥哥们先编织一张大网，带着阿丽丝飞越大海，他们相信到了海的那一边，一定会有办法破除魔法。当太阳一升起，十一只天鹅便叼起载着阿丽丝的大网，不停地飞呀飞，眼看着太阳快下山了，还是没看到陆地，大家都要跟着太阳掉进海里了，十一只天鹅为什么飞不快呢？

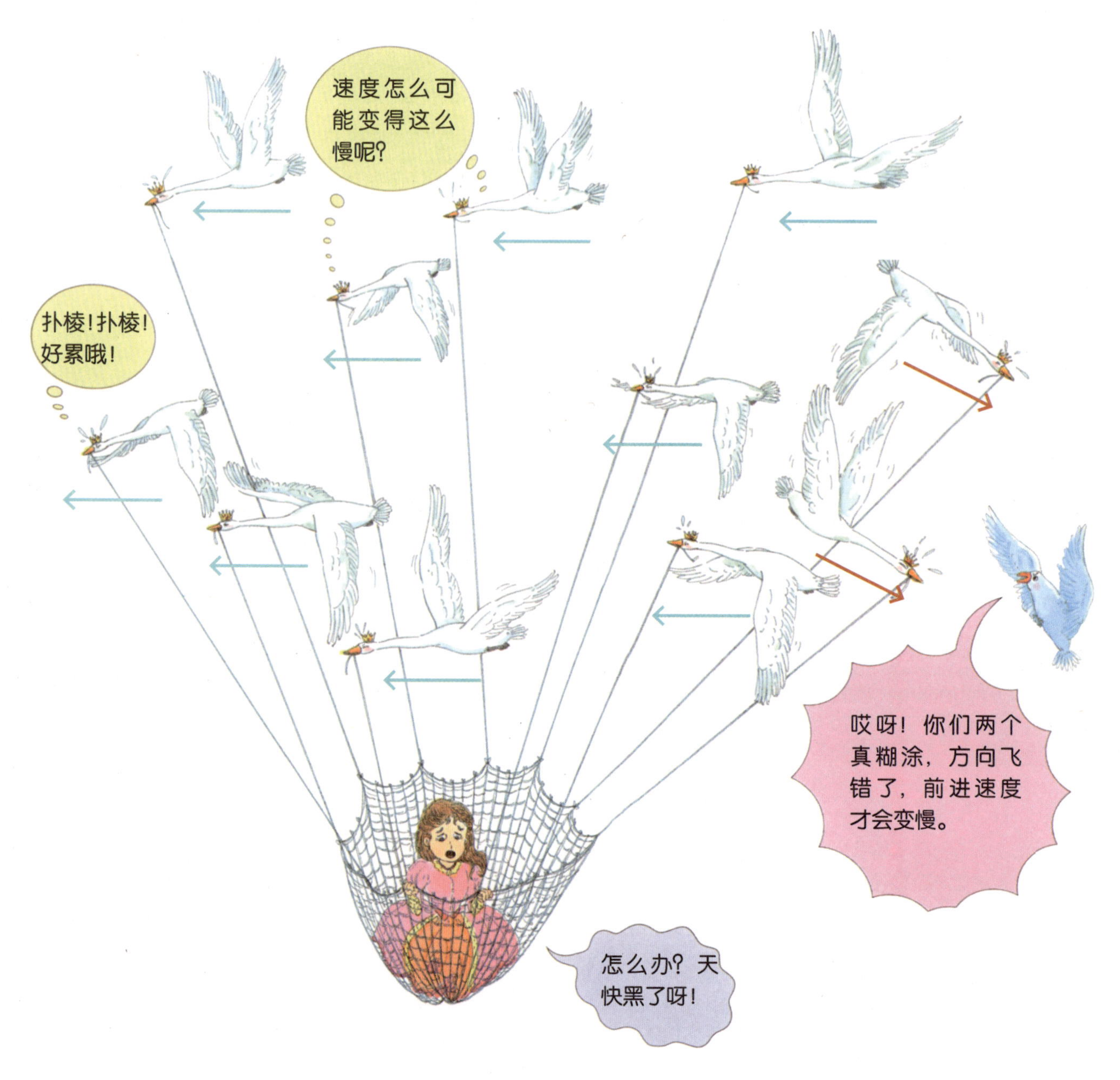

力量加在一起不一定会加倍

两个以上的力量合在一起，要方向相同才会变大，如果方向不同，部分力量相互抵消了反而变小；因此合力搬一件重物时，大家出力的方向要相同，不然就白费力气了。例如拔河时，两方势均力敌，中间线不动，表示两个力大小相等，方向相反，而且作用在同一直线上，合力是零。

力的方向性

静止的物体若受到向右的推力，就会向右运动；若受到向左的推力，就会向左运动。当推力的大小或方向不同时，物体移动的方向和快慢也会有所改变，因此即使大小相同但方向不同的两个力，也不能把它们看成是一样的。

一般我们施力所产生的推力或拉力是具有方向性的，即力是一种向量。在描述一个力时，必须同时指明它的大小及方向，才能明白这个力是如何作用的。

在物体上施力的方向不同会产生不同的结果，打桌球时若方向偏了一点，就会产生不同的碰撞结果，影响比赛胜负。

后羿射日

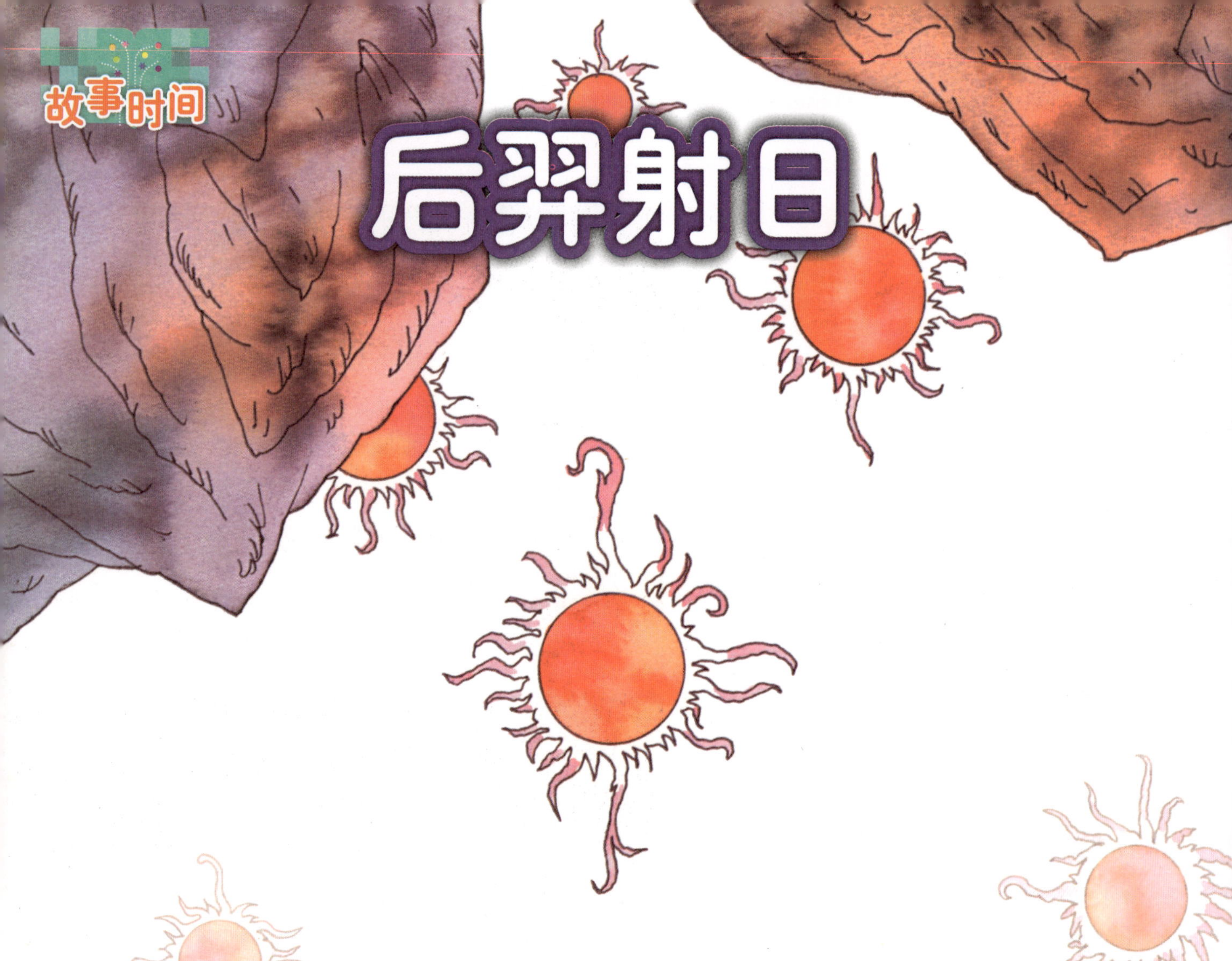

很早很早以前，天上有十个太阳，每天早晨太阳兄弟们每人轮流当班一天，给予地面光和热，使万物得以顺利生长，人们可以安居乐业。可是有一天，不知怎么回事，十个太阳全都跑出来了，自此以后，天气一天比一天热，河水逐渐干枯了，植物死了，人们也活不下去了。

仁民爱物的尧帝非常担忧，听说后羿是个神箭手，于是尧帝请后羿射下那九个太阳，因为地上只需要一个太阳就够了。后羿来到最高的山顶上，拔出箭、拉开弓，“嗖”的一声，箭飞出去了，却在快接近太阳时掉了下来。后羿想，弓太小了，所以箭飞不远，于是他下山造了更大的弓和箭。

当他再度来到高山顶上，天生神力的后羿拉满弓，搭上箭，嗖！嗖！嗖！……九声后，果然把太阳一一射了下来，只留下了一个太阳，后羿终于不负众望，解决了百姓的困难。

为什么拉弓，箭会射出去？

要把弓给拉开来，首先必须将很大的力气灌注在弓上，力气越大，弓弦变形得越厉害，会将原来直的弓变成弯的。如果松了手，力气消失了，弓又会恢复原来的样子，这种力的形式叫弹力。也就是说物体外观的形状会随着施力大小而改变，一旦力量消除，物体会恢复原状。箭搭在弓弦上，弓弦变形累积了弹力；一松手，弓弦储存的弹力被释放，推动着箭飞出去了。当然，弓拉得越满，表示力量越大，箭也就飞得越远。

认识弹力

简单地说，弹力就是指物体因外力而变形，一旦外力消除最后又能恢复原状的一种力。如果外来力量消除了，可是物体却不能恢复原状，表示物体已经失去弹力，叫弹性疲劳；如把橡皮圈或弹簧过度撑开或撑开很长一段时间，即使松开后，它们也不会再恢复成原状，这时它们就失去弹力，已经弹性疲劳了。

日常可见的弹力

①拉开橡皮圈

②拉弹簧圈健身

③弹弓射物

嫦娥奔月

后羿娶了美丽的嫦娥为妻，又成了百姓景仰的大英雄，真是不可一世，可是他还是不满足，因为人终究会死，如果人死了，什么荣华富贵也享用不到。

这天，后羿打听到西天王母娘娘那里有长生不老药，他费了九牛二虎之力才到达西天王母娘娘那里，又用了三寸不烂之舌，才说服王母娘娘给他长生不老药。后羿开心地把药带回家，想到自己能和美丽的嫦娥长生不老，享受永无止尽的荣华富贵，不禁得意忘形，行为越来越骄傲跋扈，越来越不受百姓景仰爱戴了。嫦娥实在看不过去，而后羿又屡不听劝，怎么办呢？

于是，嫦娥下定决心，绝不能让后羿长生不老，便一股脑儿把药全给吃下去。不久，嫦娥感到身体轻飘飘的，竟然往月亮飞去。后羿发现了，立刻追了上去。后羿一直追到高山上，却觉得身体越来越不舒服，呼吸困难、恶心想吐、心跳加速，耳朵也很难受……

人在高山上会怎样？

离地越高的地方，空气就越稀薄，大气压强越小。在空气稀薄的地方，气压下降，氧气供应不足，我们呼吸就不顺畅。人体也会出现心跳加速、喘不过气、头痛、眩晕等症状，也就是俗称的“高山症”。在距离平地15000米的高度上，空气的浓度只有平地的1/5，氧气也同比例减少，在这么稀薄的空气中，人类是无法生存的。

大气压强有多大？

地面上的大气压强约为1大气压，相当于101325帕斯卡（Pa），随着高度增加，大气压强会逐渐减少，大约每增高9米，大气压强会减少100帕。因此在5000米高的高山或高原地区，大气压强比平地还要低许多，能吸取的氧气浓度大约只有平地的一半左右。

高山上煮饭不易煮熟

高山上煮饭或烧水都比在平地上不容易煮熟或煮开，这也是因为大气压强减小的缘故。液体达到沸点是指液体受热转变为水蒸气时的温度，那就是沸点。水的沸点在 1 大气压下是 100℃，但是当大气压强变小时，水的沸点也变低了，所以在高山上烧水虽然沸腾了，却还是不到能将饭煮熟的程度呢。

大气压强的测量

17 世纪，意大利的科学家托里拆利设计了一个实验，将 1 米长、一端封闭的玻璃管装满水银，然后用手指紧按开口的一端，将玻璃管倒转，竖立在水银槽中。放开手指后，发现管内水银下降，玻璃管上端呈真空状态，这个高度便代表大气压强的值。由于水银柱高度一直维持在 76 厘米，因此规定一大气压单位就是 76 厘米水银柱高。

1 将 1 米长的管子装满水银。

2 将管子倒立竖在水银槽中。

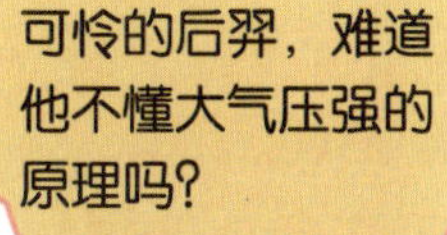

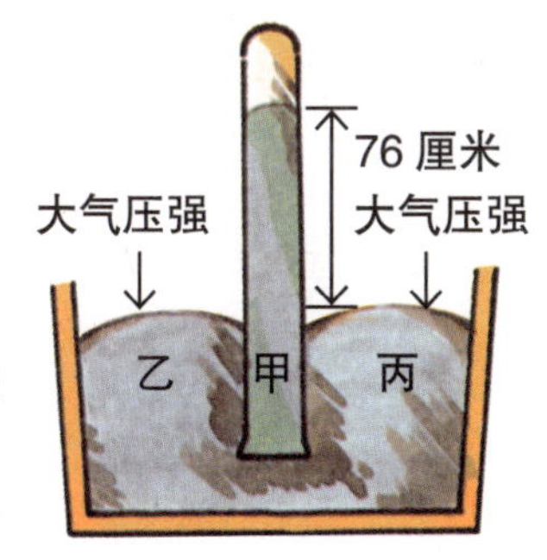

甲所受的压强与乙、丙两处所受的大气压强大小相等，所以说大气压强大小是 76 厘米水银柱高。

3 管内水银会下降，维持在 76 厘米高。

杰克与魔豆

杰克把家中唯一的一条母牛卖了，所得报酬竟然只有几颗豆子，母亲气坏了，但杰克宣称那是魔豆，将带给贫穷的家里无尽的好处。

魔豆种在土里后，飞快地长大，没有多久便高耸入云霄。好奇的杰克爬上魔豆长成的大树，想看看云端里是什么样子。没想到云上面是一座大得惊人的城堡，城堡里的每样家具、摆设也都大得惊人，原来这里住着一个巨人。

巨人很富有，不但有许多金币，还有一只会下金蛋的母鸡和一把会唱歌的竖琴。巨人说，如果杰克留下来替他工作，他就把这些东西送给杰克。可是杰克不愿意留下来，想趁巨人不注意时逃走，没想到惊动了巨人。震怒的巨人紧紧地追赶杰克，准备要捉住杰克好好惩戒一番。

杰克没命地逃，突然天空乌云密布，闪电大作，轰的一声，魔豆树被雷劈断了，巨人便从云端重重地摔下。千钧一发之际，杰克逃过了这一劫，从此和母亲过着宁静的日子。

为什么会产生闪电？

乌云密布表示即将要下雨，这时云层中的水滴都带电荷，当电荷累积到一定程度时，会冲破空气的阻碍，和别的云团中电荷相反的电强行会合，于是产生放电现象，就是闪电，而后发出巨大的响声，就是打雷。闪电的电和我们日常生活中的电是相同的，在发出闪光的瞬间，它的电力比世界上最大的水力发电厂的电力，还要大上一百倍左右呢！其威力之大，甚至能把树干劈断。

云层中的雨滴带正电或负电。

不同云团间的正负电结合时，就会产生闪电。

富兰克林的电气实验

富兰克林的风筝实验是第一个证明天电和地电是一样的东西。他利用一块绸布做成风筝，在一个下雨天放到空中，这个风筝和其他风筝不同的地方，在于它的外框上加了些铜线。风筝上升到有闪电的空中，雷电会从铜线沿着绳索传到地上，再转接到准备好的玻璃瓶中的铜线上。瓶中的铜线和特别设计的电铃连接，可以使电铃发出很大的声音，证明天电和地电果然是一样的。

电从哪里来？

电本来就存在于一切物体中，一般物质都带有相同数量的正电荷和负电荷，而呈现电中性。摩擦时会使物体中一部分的电子转移到另一物质上，得到电子的呈负电性，失去电子的呈正电性；电性相反会相吸，电性相同则相斥。

垫板经过摩擦后，产生静电作用可以吸起爆米花。

两块摩擦过的垫板，因为同电性而相斥。

丑小鸭的心事

农舍里的一只母鸭生了一窝蛋，孵出了一只长得很奇怪的小鸭，农舍里所有的动物都嘲笑它，异口同声地叫它“丑小鸭”。它确实丑得令母鸭都要怀疑，它究竟是不是自己的孩子？还好它会游泳，证明它和自己是同一类的。

丑小鸭在农舍里时常受到大家的嘲笑和欺负，不得已它只好离家去流浪。可怜的丑小鸭不管到哪里，总是因为其貌不扬的外表而受尽欺侮，它羡慕那些外表长得神气好看的动物，大家自然而然地都会礼遇它们。低头看看水中的自己，心里非常难过。

经过一年的流浪，丑小鸭逐渐长大，当温暖的春天来临时，一群美丽的天鹅从远方飞到丑小鸭滞留的湖边，看到它们优雅神气的姿态，不禁令丑小鸭自惭形秽地低下头去。瞥见水中自己的影像，丑小鸭吓了一跳。原来，不知道什么时候它身上丑陋的毛色早已褪去，竟变成了一只美丽的天鹅。从现在开始，它不再是只丑小鸭了，它充满自信地加入那群美丽的天鹅群中。

为什么看得到水中的自己?

在野外，经常能看到犹如一面镜子般静止的水面，将地面上的景色倒映在水面上。当光线行进碰到障碍物时，一部分的光线会被反射。障碍物的表面越光滑，容易形成良好的镜面，让大多数的光线反射，到达我们眼睛里形成影像。如表面光滑的玻璃、金属及平静的水面都可以反射影像，这是光线反射的结果。古时候没有镜子，古人整理自己的仪容就是利用缸或盆里的水，来达到修饰、整洁仪容的目的。

物体表面光滑，光线反射量多，可以看到反射的影像。

物体表面粗糙，造成光线散射，就看不到反射的影像。

表面光滑的圆柱管反射出变形的影像。

光线的把戏

光线行进碰到障碍物时，除了反射现象，有的会穿过障碍物，如光线从空气穿过水中时，光的前进方向会改变，这种现象称为光的折射。如果我们把铅笔插入水中，铅笔好像折成两截的样子，这就是光线折射的结果。

扫一扫，看视频

卖火柴的小女孩

“卖火柴，有没有人要买火柴呀？”寒冷的圣诞夜里，一个衣衫褴褛的小女孩沿街叫卖火柴。这时候，大部分的人都躲在家中，围着丰盛的晚餐和温暖的炉火，准备度过快乐的圣诞夜晚。卖火柴的小女孩手里的火柴一根也没卖出去，她不敢回家。

天气实在太冷了，她找到一户人家的屋檐下，躲避寒风的吹袭，可是身上单薄的衣物，根本无法保暖，冻得她直打哆嗦。于是她划起一根火柴，光

亮的火焰中，她看到了温暖的炉火，正当她感到一丝暖意时，火光熄灭了，火炉也消失了。她再度划下第二根火柴，这次她看到了丰盛的晚餐，让她更感饥肠辘辘，正想拿起鸡腿来吃，所有的幻影又消失了。她再划下一根火柴，眼前出现了她死去的祖母，她不禁叫了起来：“带我走，亲爱的祖母，不要丢下我一个人。”手里不停地划亮火柴，因为她知道当火光熄灭，她就再也看不到慈爱的祖母了。

为什么火的温度这么高?

燃烧一定伴随着火和热，因为燃烧是一种放热反应，把被燃烧物体内的能量释放出来，所以会很热。

当物体的温度很高，高到一定程度时，就会产生燃烧现象。到达物体可以开始燃烧的温度，我们叫作“燃点”。每一种物质的燃点都不一样，燃点低，表示加热温度不必很高，就可以燃烧了，像汽油、木材、瓦斯。金属的燃点很高，有的金属加温到1000℃还烧不起来呢!

摩擦生火

古人钻木取火，就是利用摩擦生热的原理。当温度逐渐升高，到达木材的燃点时，木材便燃烧起来，就可以用来煮食物和取暖。后来人们发现磷的燃点比木材更低，包在小木棍上，在地上一划，摩擦的热度就足以点火，于是发明了火柴，取火就更容易了。打火机也是利用同样的原理，加入瓦斯或燃点低的汽油，使用时更便利了。

三只小猪

这天，不怀好意的野狼来到三只小猪的家门口敲门，邀请它们去采苹果，三只小猪虽然不想答应，却受不了红艳欲滴、香甜可口的苹果的诱惑，便随着野狼去采苹果了。

临出门，老三带了一大桶油。老大和老二不禁纳闷，问道：“去采苹果为什么要带油？”老三故作神秘地卖起关子，不肯透露，背起重重的油桶一同出发了。

走过一个小山坡，就看到一株长满苹果的苹果树，三只小猪欢呼一声，高兴地跑去采苹果，并忘情地吃起来，早把居

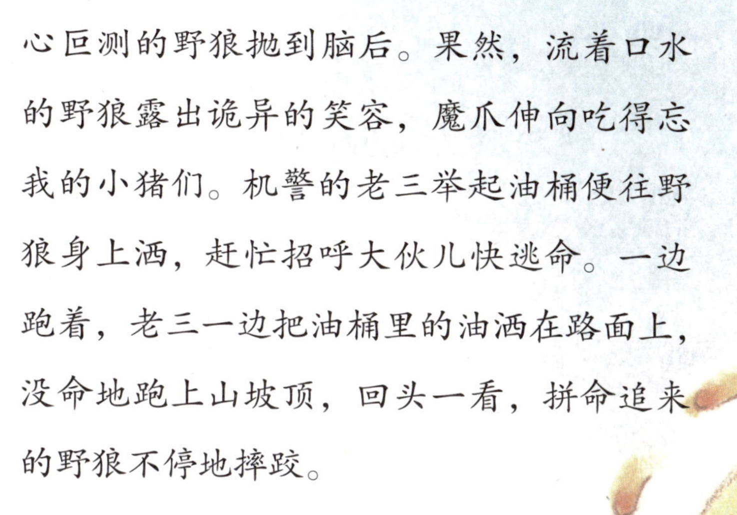

心叵测的野狼抛到脑后。果然，流着口水的野狼露出诡异的笑容，魔爪伸向吃得忘我的小猪们。机警的老三举起油桶便往野狼身上洒，赶忙招呼大伙儿快逃命。一边跑着，老三一边把油桶里的油洒在路面上，没命地跑上山坡顶，回头一看，拼命追来的野狼不停地摔跤。

三只小猪哈哈大笑，然后同时钻进大油桶里，滚下山坡，不一会儿就安全回到家门口了。

为什么大野狼会不停地摔跤?

当物体在平面上运动时，接触面会给运动中的物体一个阻力，令物体运动得不顺畅，这阻力就叫摩擦力。物体接触的平面越粗糙，摩擦力就越大；相反地，如果接触面越平滑，摩擦力就越小。油洒在路面上会减少摩擦力，造成滑动，大野狼踩在上面就会滑倒啦！

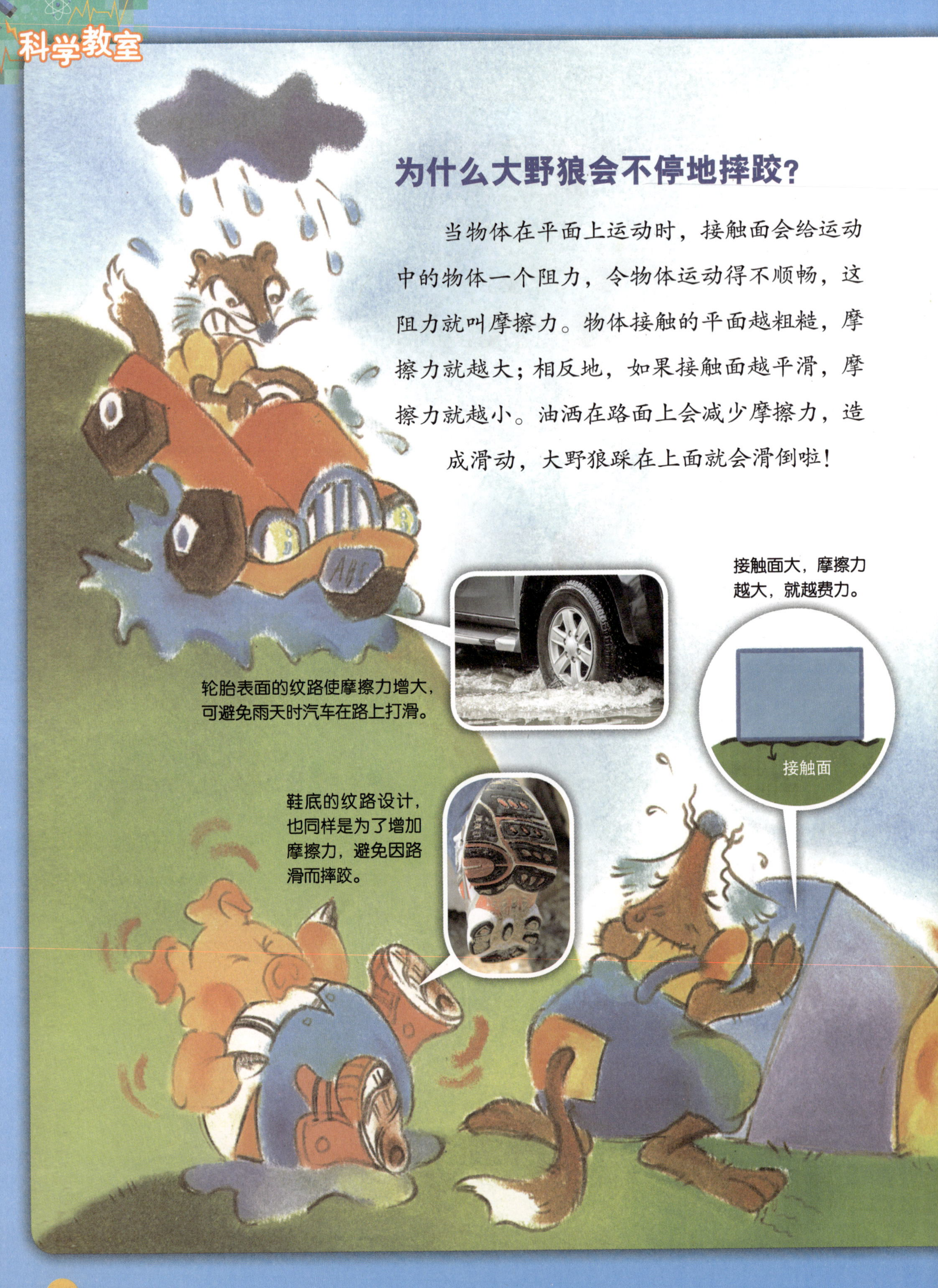

轮胎表面的纹路使摩擦力增大，可避免雨天时汽车在路上打滑。

鞋底的纹路设计，也同样是为了增加摩擦力，避免因路滑而摔跤。

改变摩擦力的方法

有摩擦力的存在并非坏事。轮胎表面纹路增加摩擦力可以防止打滑，车辆才能向前进；鞋底花纹增加摩擦力可以防止滑倒。然而，摩擦力会使物体难以推动，增加搬运工作的难度。我们可以利用一些方法来减少摩擦力。如在箱子底下装上轮子，或是在路面上洒一层油，可使粗糙面变得更平滑，使摩擦力减小，搬运时就更轻松了。

越平滑，摩擦力就越少，较省力。

接触点小，摩擦越少，就越省力。

接触点

贪心的哥哥

从前，在很远很远的地方，住着两个兄弟。有一天，弟弟带了饭团到树林里去砍柴，树的后面突然钻出一个老公公，哀求弟弟给他食物吃，善良的弟弟心生怜悯，便把唯一的饭团送给了老公公。他狼吞虎咽地吃完饭团后，送给弟弟一个神奇的小石磨，并告诉他说：“只要你念‘磨儿啊，磨儿啊，请你磨出什么来’，它就会自己转动，磨出想要的东西。若是东西足够了，你就说‘磨儿啊，谢谢你，请停停’，石磨就会停下来。”话一说完，老公公就消失不见了。

弟弟带着小石磨回家，并将早上发生的事告诉了哥哥。哥哥一听完，马上念出口诀，要石磨磨出一桌好吃的酒菜。才不一会儿的工夫，石磨真的磨

出一桌好酒菜。哥哥一高兴就忘了念停止的口诀，石磨不断地磨出食物来，直到弟弟念了停止的口诀，石磨才停止。兄弟俩饱餐一顿后，哥哥居然使了坏心眼，想独吞石磨。趁着弟弟睡觉时，哥哥便带着石磨乘船出海，一层层的海浪将船送出海，才刚刚出海，哥哥便迫不及待地唸起口诀。哥哥心想，由于当时盐的价格昂贵，就叫石磨磨出盐来好了。眼看着食盐越来越多，哥哥越来越高兴。直到盐粒堆到膝盖，他才急着大喊：“停！停！”由于口诀不对，石磨继续磨出食盐，船越来越重，一直往下沉，大浪一波波接踵而至，一个重心不稳，船就被巨浪吞没了。

波浪是如何产生的?

俗话说“无风不起浪”，波浪大多是由吹过海洋表面的风所产生的。随着风的强度、风吹的范围，以及时间的差异，所产生的波浪高度、波长都不同。其实我们看到的海浪是由许多波高、波长都不一样的浪波混合而成。辽阔的海洋上，四面八方不断被风吹着，不同大小与方向的风形成不同的波浪，由于波浪的波高、波长及波向都不相同，混合后就成为海洋表面上的波浪了。

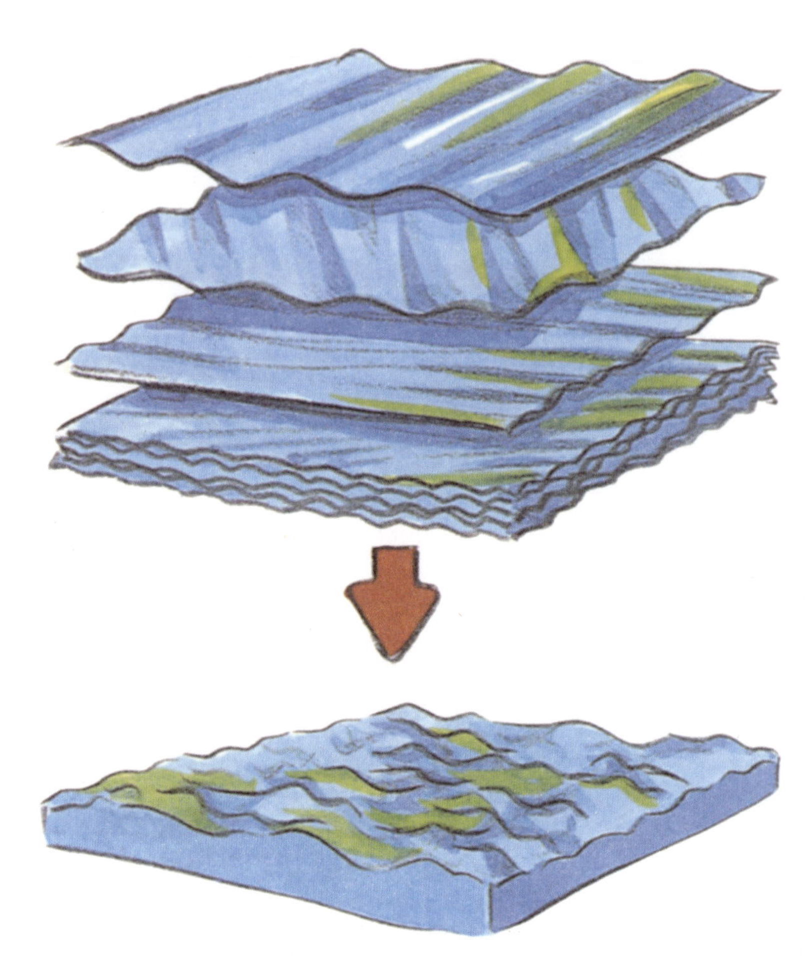

海浪是由许多浪波混合而成的。

岸边碎浪的形成

为什么岸边常常激起碎浪呢？因为波浪接近岸边的浅水区域时，波能的传递速度就会逐渐减慢，波长变短，使波浪中的能量积聚起来，于是波高增大，整个波形变陡，当累积到一定陡度而无法再维持特定波形时，波浪就会破碎，形成岸边碎浪，又称为破浪。岸边碎浪的冲力不但可以把沙石冲向海岸。当海水后退时，又可以把沙石带回海中，因此能不断侵蚀海岸。

认识渔业气象

海上作业的渔家，常在渔船上确认渔业气象，了解目前海上风浪的情形，以判断要不要继续捕鱼。一般而言，海上的风速分为17级，海浪依风的级数而有小浪、中浪、大浪等区别。渔业气象常提及今天海面上的风级5～6级，中浪转大浪。即说明今天海上吹的海风，级数由5级可能会转变到6级。一般风速在8级，海浪为巨浪时，船只最好不要出海作业，以免发生危险。

名词小辞典

波谷：波浪的最低处

波峰：波浪的最高处

波高：波峰至波谷的垂直距离

波长：相邻两波峰或两波谷之间的水平距离

雷公下凡

清朝有个豪爽的商人叫作乐云鹤。一天，他到城里做完买卖后，走进一家酒楼吃饭，吃饭的时候，他看见一位大汉在身边走来走去，好像很饿的样子，于是乐云鹤就慷慨地请他吃了个饱。

第二天，乐云鹤起程坐船返家，途中遇到狂风暴雨，船被大浪打翻了。这时，大汉出现了。他救起乐云鹤，还捞回所有的货物。为了报答恩人，乐云鹤邀请大汉和他回家去。在乐云鹤的热情款待下，转眼间，大汉在乐家已住了一年。一天，乐云鹤打起瞌睡，忽然，他觉得身体轻飘飘的，于是猛地睁开眼，啊！自己竟然和大汉一起坐在云堆上。大汉说："乐大哥，我本是天上的雷公，因故被贬下凡。今天期限已满，谢谢你的帮助。"

雷公敲了几下手里的铜钹，发出闪光和隆隆的雷声，乐云鹤拨开云层，看见闪电朝民宅蹿去，射到一户人家挂在窗边的宝刀上。只见电光一闪，刀立刻化成钢水，流到地上，使乐云鹤感到非常惊奇，雷公带着他四处游历，不久就送他回到人间。

从此，每到下雷雨的日子，乐云鹤都会站在窗边微笑，好像在回忆什么有趣的事情。

闪电的威力有多大？

闪电是带电的雷雨云放电时产生的现象，在一瞬间（万分之一秒）放出的电流可达两万安培，有时甚至高达15万安培，十分惊人，而一般家庭使用的电流只有5～10安培。这种电流所产生的强大能量，甚至能把金属熔化。

电流产生热

电流使导电金属产生热的情形，在我们日常生活中随处可见。有一种电炉，插电后，电炉中间的金属线，会发出热热的红色亮光。这种金属线的材料，是一种镍铬合金，具有导电性，导电时会产生热。许多家用电器，如吹风机、电灯等，都可以将电能转换成热能或光能，运用在日常生活中。

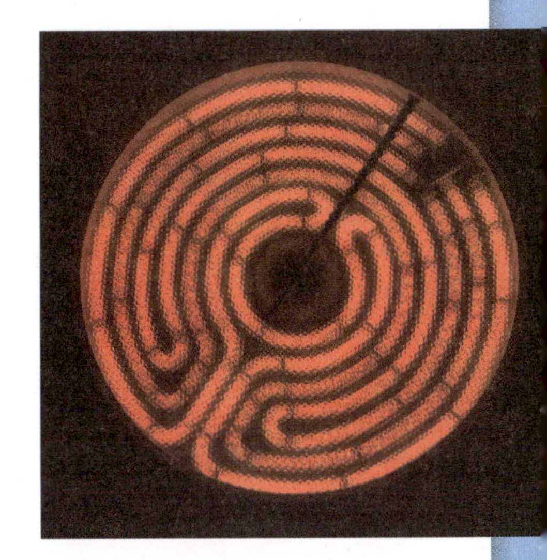

插电后，镍铬合金线会发出红光，可以用来加热。

电流产生的热都一样吗？

不同的物体，导电时产生热能的量不同。导电性高的金属，电子容易流通，产生的热能少。不容易导电的金属，产生的热能多。

铜线导电性高，电子容易通过，产生的热能少。

镍铬合金线导电性较差，电子不容易通过，产生的热能多，适合用作加热器。

孝顺友爱的舜

中国古代有个名叫“舜”的人，他的父亲是个盲人，大家都叫他“瞽叟”。舜的母亲在他小时候就过世了，瞽叟又娶了一个妻子，生了一个弟弟，叫作“象”。瞽叟比较喜爱新妻子和小儿子，不喜欢舜，常常为了一点儿小事责罚他。虽然如此，舜还是打心底孝顺父母，友爱弟弟。

20 岁的时候，舜已经因为孝顺而出名。30 岁时，有人向当时的帝王尧推荐舜，说他孝顺又能干，可以为大家做事。尧听了很高兴，把两个女儿嫁给舜。两三年后，百姓越来越爱戴舜，瞽叟和象很嫉妒，想尽办法找机会要杀舜。有一天，瞽叟命令舜爬上谷仓做事，然后在谷仓下放火想烧死他。舜工作到一半，突然发现脚下一片火海，就快要烧到身上，急中生智，抓着斗笠跳下谷仓。斗笠就像降落伞一样，减缓舜下降的速度。舜落在地上，毫发无伤。之后，瞽叟和象又三番两次想害死舜，不过都没有成功。舜一点儿也不介意，还是对家人很好。尧看舜是个好人，想把王位传给他。尧过世之后，百姓们都很支持舜，便一起拥他为王。

啊！好强的风！
这么大的阻力，根本寸步难行啊！

为什么舜跳下谷仓却没有受伤？

在水中走路的时候，是不是会觉得脚步沉重，移动很费力？这是因为我们前进的时候，要克服水的阻力。在空气中移动，同样也要克服空气的阻力。但是平常空气阻力很小，除非逆风行走，空气阻力变大，不然我们是感觉不出空气阻力的。

物体在空气中落下，也有空气阻力的作用。而空气阻力的大小，和物体的形状有关。大而平坦的物体表面，所承受的空气阻力，要比薄而尖锐的表面大，所以下降的速度较缓慢。

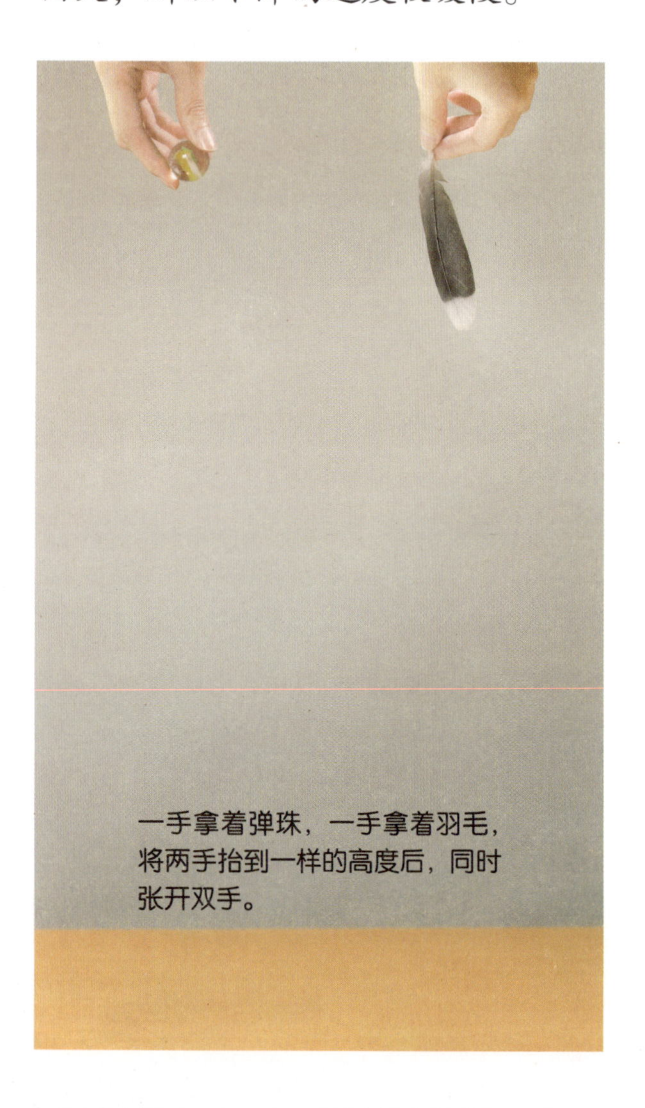
一手拿着弹珠，一手拿着羽毛，将两手抬到一样的高度后，同时张开双手。

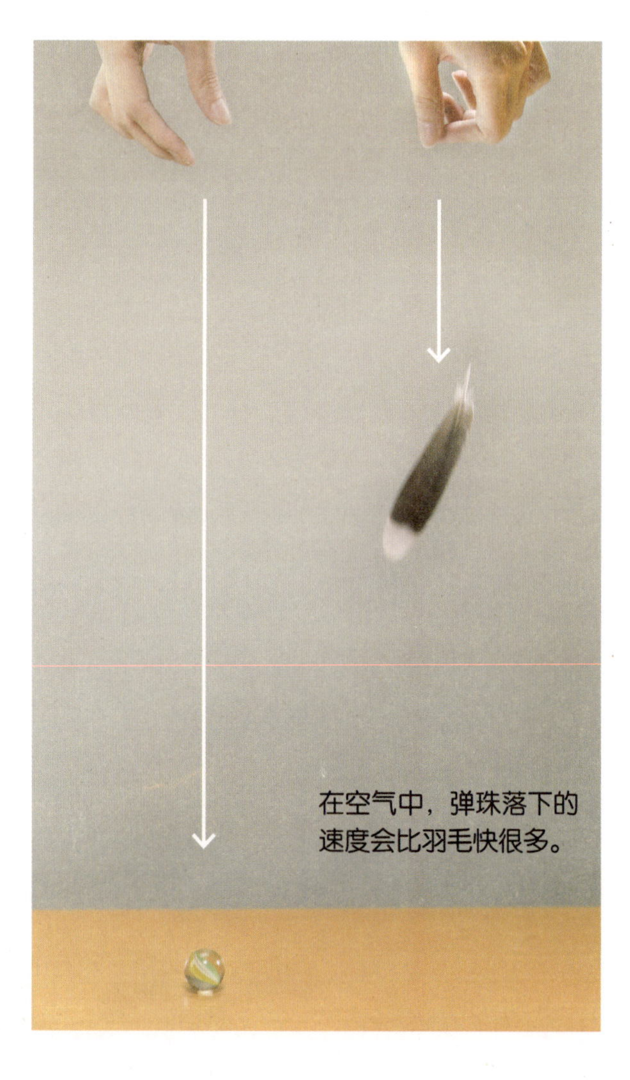
在空气中，弹珠落下的速度会比羽毛快很多。

扫一扫，看视频

利用空气阻力

降落伞利用伞面来增大阻力，使人慢慢降落。

物体掉落时，除了受到空气阻力，同时也受到地心引力的影响。由于地心引力会使物体急速下降，而空气却阻止了物体的前进。通常地心引力的拉力较空气阻力大得多，所以空气阻力仅能降低物体下降的速度。斗笠和降落伞，形状像只倒扣的大碗，下落的时候会受空气阻力的影响，减慢下降的速度。

克服空气阻力

由于人走路的速度很慢，受到空气阻力的影响不大。但是对速度比较快的交通工具来说，空气造成的阻力就相当大了。长久以来，人们不断地更新设计，调整各种车辆、飞机的形状，希望使空气的阻力减少。

当空气可以快速通过物体表面时，所受到的阻力大大降低，因此，飞机、汽车等大多设计成流线型。

小牛顿 科学与人文

成语中的科学（全 6 册）

中国源远流长的五千年文明，浓缩发展出了充满智慧的成语。在这些成语背后，其实有着与其息息相关的科学知识。本系列将之分为植物、动物、宇宙、物理、化学、地理、人体等多个领域。根据每则成语的出处背景或意义，编写出生动有趣的故事，搭配精细的图解，来说明成语背后所蕴含的科学原理，让孩子在阅读成语故事时，也能学习科学知识！

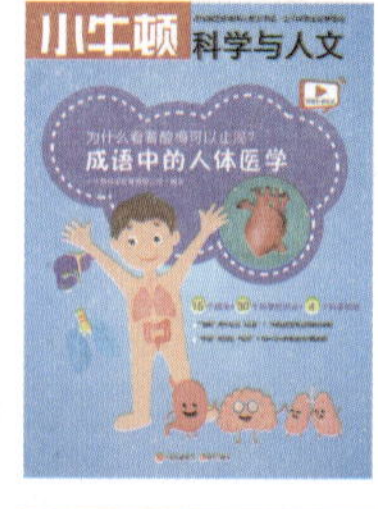

内容特色：

1. 涵盖植物、动物、宇宙、物理、化学、地理、人体等七大领域。
2. 用 90 个主题、180 个细分科学知识点来讲解，近千幅全彩高清插图配合知识点丰富呈现，内容翔实有深度。
3. 配以 23 个有趣的科学视频进行拓展，扫描二维码即可快捷观看，利用多媒体延伸阅读。
4. 将“科学”与“人文”相结合，将科学的触角伸入更多领域，使科学更生动、多元、发散。

全套 6 册精彩内容
90 个成语
180 个科学知识点
23 个科学视频

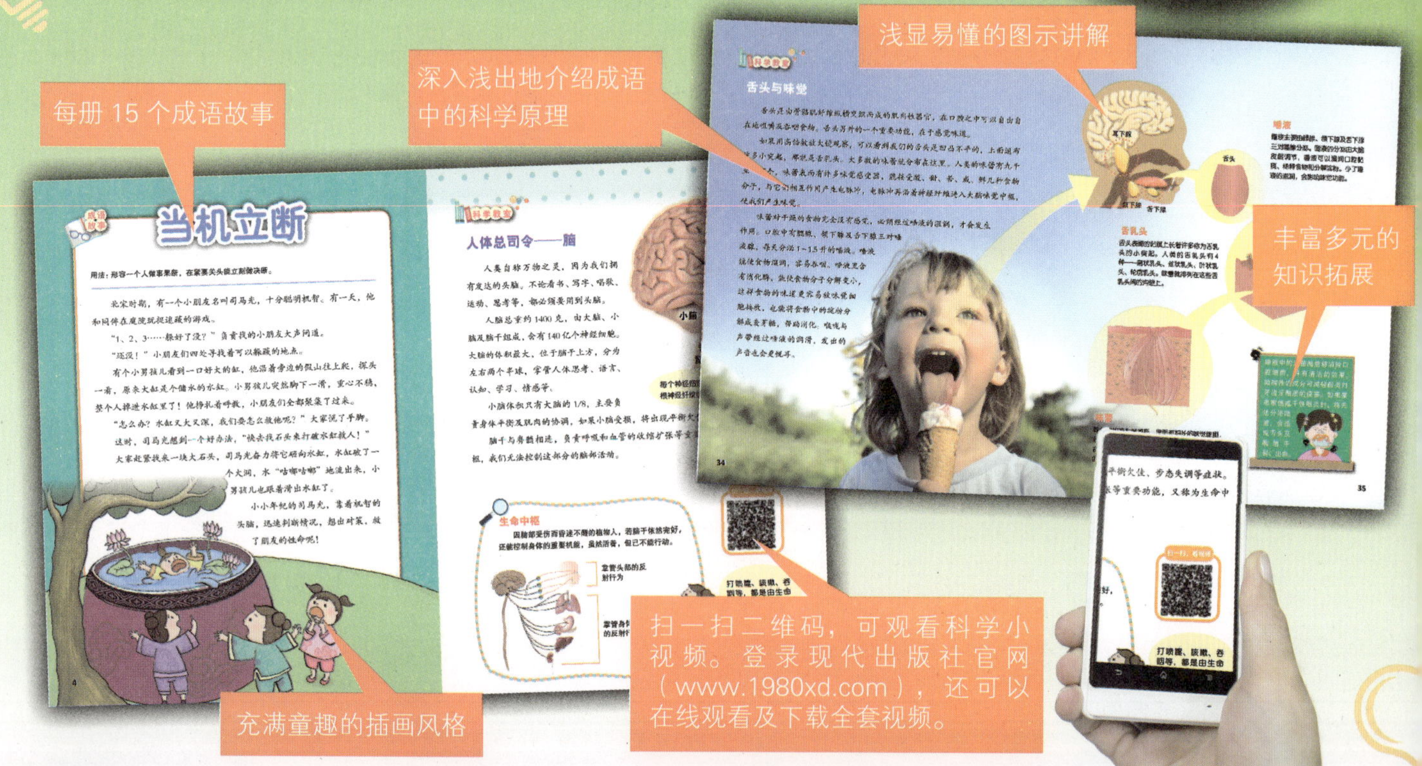

小牛顿 科学与人文

故事中的科学（全 6 册）

故事除了有无限丰富的想象力，还可以带给孩子什么启发呢？本系列借由生动的故事，引发儿童的学习动机，将科学原理活泼生动地带到孩子生活的世界，拉近幻想与现实的距离，让枯燥生涩的科学知识染上缤纷色彩。本系列分成动物、植物、物理、化学、地理、宇宙等领域，让孩子在阅读过程中，对科学知识有更系统性的认识，带领孩子从想象世界走进科学天地。

内容特色：

1. 涵盖动物、植物、物理、化学、地理、宇宙等六大领域。
2. 用 90 个主题、180 个细分科学知识点来讲解，近千幅全彩高清插图配合知识点丰富呈现，内容翔实有深度。
3. 配以 24 个有趣的科学视频进行拓展，扫描二维码即可快捷观看，利用多媒体延伸阅读。
4. 将“科学”与“人文”相结合，将科学的触角伸入更多领域，使科学更生动、多元、发散。

全套 6 册精彩内容
90 个故事
180 个科学知识点
24 个科学视频

版权登记号：01-2018-2122
图书在版编目（CIP）数据

卖火柴的小女孩怎么取暖？：故事中的物理奥秘 / 小牛顿科学教育有限公司编著 .
—北京：现代出版社，2018.6（2021.5 重印）
（小牛顿科学与人文 . 故事中的科学）
ISBN 978-7-5143-6944-1

Ⅰ. ①卖… Ⅱ. ①小… Ⅲ. ①物理学—少儿读物 Ⅳ. ① O4-49

中国版本图书馆 CIP 数据核字（2018）第 054661 号

文稿策划：苍弘萃、余典伦
插　　画：白嘉彰　P10
张彦华　P11
陈仁杰　P24
小牛顿数据库　P4～11、P19～21、P23、P25～63
照　　片：Shutterstock　P6、P10、P11～19、P22、P27、P30、P46、P50、P55、P58、P59、P63

卖火柴的小女孩怎么取暖？
故事中的物理奥秘

作　　者	小牛顿科学教育有限公司
责任编辑	王　倩
封面设计	八　牛
出版发行	现代出版社
通信地址	北京市安定门外安华里 504 号
邮政编码	100011
电　　话	010-64267325　64245264（传真）
网　　址	www.1980xd.com
电子邮箱	xiandai@vip.sina.com
印　　刷	永清县晔盛亚胶印有限公司
开　　本	889mm × 1194mm　1/16
印　　张	4.25
版　　次	2018 年 6 月第 1 版　2021 年 5 月第 4 次印刷
书　　号	ISBN 978-7-5143-6944-1
定　　价	28.00 元
